Bibliografische Information der Deutschen Nationalbibliothek:

Die Deutsche Bibliothek verzeichnet diese Publikation in der Deutschen National-
bibliografie; detaillierte bibliografische Daten sind im Internet über http://dnb.d-
nb.de/ abrufbar.

Impressum:

Copyright © 2015 GRIN Verlag, Open Publishing GmbH
Druck und Bindung: Books on Demand GmbH, Norderstedt Germany
ISBN: 9783668308749

Dieses Buch bei GRIN:

http://www.grin.com/de/e-book/341306/biologischer-vergleich-zweier-neophyten-
mais-und-druesiges-springkraut

Philipp Hänicke

Biologischer Vergleich zweier Neophyten. Mais und Drüsiges Springkraut

GRIN Verlag

Philipp Hänicke

Biologischer Vergleich zweier Neophyten

Mais

(Zea mays)

Drüsiges Springkraut

(Impatiens glandulifera)

Gliederung

Mais (Zea mays)		Drüsiges Springkraut (Impatiens glandulifera)
Pflanzen (Plantae)	**Reich**	Pflanzen (Plantae)
Gefäßpflanzen (Pracheophyta)	**Abteilung (Stamm)**	Gefäßpflanzen (Pracheophyta)
Samenpflanzen (Sprematophytina)	**Unterabteilung**	Samenpflanzen (Sprematophytina)
Bedecktsamige (Magnoliopsida, früher Angiospermen)	**Klasse**	Bedecktsamige (Magnoliopsida, früher Angiospermen)
Monokotyledonen	**Commeliniden**	Dikotylen
Süßgrasartige (Poales)	**Ordnung**	Heidekrautartige (Ericales)
Süßgräser (Poaceae)	**Familie**	Balsaminengewächse (Balsaminacea)
Zea	**Gattung**	Springkräuter (Impatiens)
Mais (Zea mays)	**Art**	Drüsiges Springkraut (Impatiens glandulifera)

Herkunft:

Aus Mexico

- ➢ trockenes Wüstenklima
- ➢ warm
- ➢ niederschlagsarm
- ➢ geringe Luftfeuchtigkeit
- ⇨ Anpassung notwendig

Aus Kaschmir (Indien) & westliches Himalaya

- ➢ tropisches Feuchtklima
- ➢ warm
- ➢ niederschlagsreich
- ➢ hohe Luftfeuchtigkeit
- ⇨ Anpassung notwendig

Ökologie

Mais **(Zea mays)**	**Drüsiges Springkraut** **(Impatiens glandulifera)**

<table>
<tr><td valign="top">

Der Mais ist eine Lichtpflanze (Sonnenpflanze), das heißt dass er eine hohe Lichtintensität benötigt, um eine maximale Fotosyntheseleistung zu erreichen.

Deshalb findet sich der Mais in Gebieten, die der prallen Sonne ausgesetzt sind, das heißt vorwiegend auf offenen Flächen in sonnenreichen Regionen.

Dafür besitzt er schmale, dickere Blätter, die durch viele Chloroplasten in dem mehrschichtigen Palisadengewebe ein Maximum an Fotosyntheseleistung ermöglichen und Wasser speichern können. Nachteilig ist hierbei durch die geringe Dicke der Blätter die hohe Gefahr der Austrocknung, sodass bei geringer Luftfeuchtigkeit die Transpiration verringert wird. Dies ist besonders wichtig, da das Ursprungsgebiet der Pflanze Mexico, einer Klimazone mit geringer Luftfeuchtigkeit, ist.

</td><td valign="top">

Das Drüsige Springkraut ist eine Halblichtpflanze, das heißt dass es eine geringe Lichtintensität benötigt, um eine maximale Fotosyntheseleistung zu erreichen.

Deshalb findet sich das Drüsige Springkraut in Gebieten mit wenig Licht und hoher Luftfeuchtigkeit, z.B. der Krautschicht des Waldes.

Dafür besitzt er große, dünne Blätter, da so gut wie kein Wasser gespeichert werden muss, denn diese Art liebt nasse bis feuchte Regionen, die schattig sind und nährstoffreiche Böden, sowie eine hohe Luftfeuchtigkeit besitzt.

</td></tr>
</table>

Bau und Funktion
- Wurzel -

Mais **(Zea mays)**	**Drüsiges Springkraut** **(Impatiens glandulifera)**

Bau

➢ homorhiz: keine Hauptwurzel ➢ kurzlebig ➢ sprossbürtig	➢ allorhiz: eine Hauptwurzel ➢ langlebig ➢ tiefe Pfahlwurzeln

Funktion

➢ Wasseraufnahme aus dem Boden
➢ Nährstoffaufnahme aus dem Boden
➢ Verankerung im Boden

Anpassung

➢ viele kleine Wurzeln decken größeres Gebiet zur Wasseraufnahme ab ➢ Wurzeln nahe an der Oberfläche, da in niederschlagsarmen Regionen nur wenig Wasser tief versickert	➢ wenige Wurzeln zur Wasseraufnahme benötigt, da viel Wasser im Erdboden vorhanden ist ➢ Wurzeln auch in tiefere Regionen, da viele andere Pflanzen an der Oberfläche versuchen das Wasser aufzunehmen

Mais (Zea mays)	Drüsiges Springkraut (Impatiens glandulifera)
Der Mais besitzt keine Hauptwurzel. Seine Wurzeln sind eher kurzlebig und sprossbürtig, das heißt sie befinden sich nahe an der Oberfläche. Die vielen kleineren Wurzeln helfen dabei, ein größeres Gebiet zur Wasseraufnahme abzudecken und die Pflanze auf sehr trockenem Untergrund besser zu verankern. Die Wurzeln nahe der Oberfläche dienen dem Zweck, das auf die Erdoberfläche auftreffende Wasser direkt abzufangen, da nur sehr wenig Wasser in tiefere Ebenen sickert.	Das Drüsige Springkraut besitzt eine Hauptwurzel. Die Wurzeln sind eher langlebig und tiefe Pfahlwurzeln. Da viel Wasser im Erdboden vorhanden ist, werden weniger Wurzeln zur Wasseraufnahme benötigt. Diese gehen auch in tiefe Regionen, um einerseits aufgrund der hohen Pflanzendichte in Feuchtgebieten ausreichend Platz zur Wasseraufnahme zu haben, aber auch um im feuchten und damit nicht festen Boden eine bessere Verankerung zu haben.

Bau und Funktion
- Sprossachse -

Mais (Zea mays)	Drüsiges Springkraut (Impatiens glandulifera)

Bau

- ➢ besteht aus Abschluss-, Festigungs-, Leit- und Speichergewebe

Mais	Drüsiges Springkraut
➢ viele auf dem Stängelquerschnitt wahllos verteilte Leitbündel ➢ kein Kambiumring ➢ Epidermis behaart ➢ Epidermis etwas dicker	➢ Wenige im Kreis angeordnete Leitbündel ➢ Kambiumring ➢ Epidermis unbehaart ➢ Epidermis etwas dünner

Funktion

- ➢ Festigungsgewebe: Stabilität
- ➢ Leitgewebe: Mineralstoff und Wassertransport
- ➢ Speichergewebe: Nährstoffspeicherung
- ➢ Abschlussgewebe (=Epidermis):
  Schutz vor Austrocknung und mechanischen Einflüssen

Anpassung

Mais	Drüsiges Springkraut
➢ dickere Epidermis als Schutz vor Austrocknung und zur Stabilität ➢ viele Leitbündel, damit bei leichter Beschädigung der Wasser- und Nährstofftransport trotzdem noch funktioniert	➢ dünnere Epidermis, da kein Schutz vor Austrocknung benötigt wird ➢ wenige Leitbündel, da auch bei Beschädigung durch ausreichenden Wasservorrat die Versorgung gesichert ist

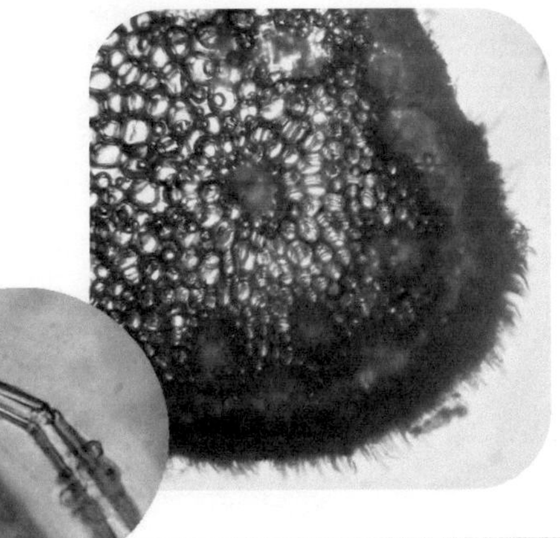

Rechts:
Querschnitt der
Sprossachse vom Mais

Unten:
Haar an der Epidermis
der Sprossachse vom
Mais

Mais **(Zea mays)**	**Drüsiges Springkraut** **(Impatiens glandulifera)**

Die Sprossachse vom Mais besteht aus Abschluss-, Festigungs- und Speichergewebe. Das Abschlussgewebe hat die Aufgabe des Schutzes vor Austrocknung und vor mechanischen Einflüssen, das Festigungsgewebe dient zur Stabilität der Pflanze, das Speichergewebe zur Speicherung von Nährstoffen und das Leitgewebe zum Transport von Wasser aus der Wurzel in die Blätter, sowie von Nährstoffen aus den Blättern in die Wurzel zur Speicherung.

Der Mais besitzt viele auf dem Stängelquerschnitt wahllos verteilte Leitbündel, damit bei Beschädigung einiger Leitbündel trotzdem noch genug Nährstoffe und genug Wasser transportiert werden kann und nicht allzu viel verloren geht.

Desweiteren besitzt der Mais keinen Kambiumring, da die Epidermis genug Stabilität bietet, die dafür behaart ist und etwas dicker ausfällt.

Die Sprossachse vom Drüsigen Springkraut besteht aus Abschluss-, Festigungs- und Speichergewebe. Das Abschlussgewebe hat die Aufgabe des Schutzes vor Austrocknung und vor mechanischen Einflüssen, das Festigungsgewebe dient zur Stabilität der Pflanze, das Speichergewebe zur Speicherung von Nährstoffen und das Leitgewebe zum Transport von Wasser aus der Wurzel in die Blätter, sowie von Nährstoffen aus den Blättern in die Wurzel zur Speicherung.

Das Drüsige Springkraut besitzt wenige im Kreis angeordnete Leitbündel, da auch bei eventueller Beschädigung trotzdem noch ausreichend Wasservorrat für die Versorgung der Pflanzen vorhanden ist.

Desweiteren besitzt das Drüsige Springkraut einen Kambiumring, damit die Sprossachse stabil genug ist, da die Epidermis etwas dünner und unbehaart ist, was wiederum den Grund hat, dass kein Schutz vor Verdunstung in Feuchtgebieten benötigt wird.

Leitbündel der Sprossachse des Mais

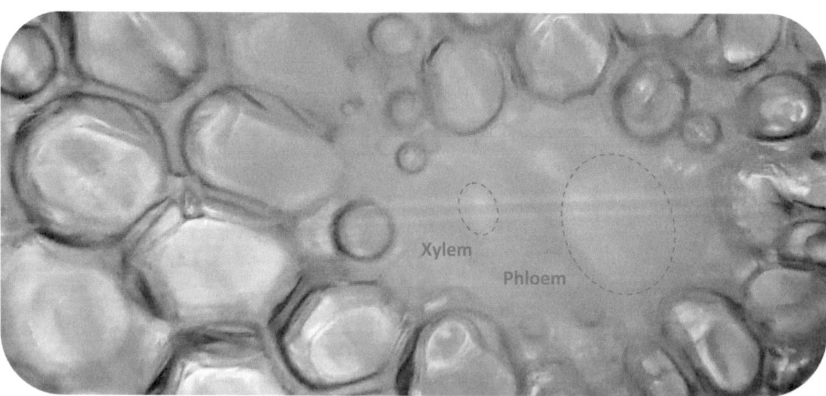

Bau und Funktion
- Blätter -

| **Mais**
 (Zea mays) | **Drüsiges Springkraut**
 (Impatiens glandulifera) |

Bau

> bestehen aus Palisaden-, Schwammgewebe, Epidermis und Cuticula

Mais	Drüsiges Springkraut
➢ nur leicht spitz zulaufend	➢ spitz zulaufend
➢ parallelnervig	➢ netznervig
➢ ungestielt	➢ gestielt
➢ schmal	➢ groß
➢ dick	➢ dünn
➢ Spaltöffnungen auf beiden Seiten des Blattes	➢ Spaltöffnungen nur auf der Unterseite des Blattes

Funktion

> Schwammgewebe beinhaltet Chloroplasten für Fotosynthese
> Cuticula = Schutz vor Verdunstung
> Epidermis = Schutz vor mechanischen Einflüssen
> Schließzellen (Spaltöffnungen) = Wasser- und Gasaustausch

Anpassung

Mais	Drüsiges Springkraut
➢ schmale, dicke Blätter zum Schutz vor Austrocknung (großes Volumen, kleine Oberfläche)	➢ große, dünne Blätter für viel Fotosynthese (kleines Volumen, große Oberfläche)
➢ viele Spaltöffnungen für hohe Wasseraufnahme	➢ wenige Spaltöffnungen für geringere Wasseraufnahme

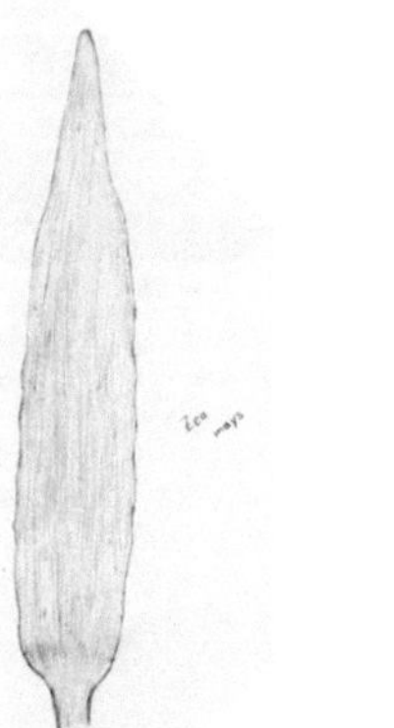
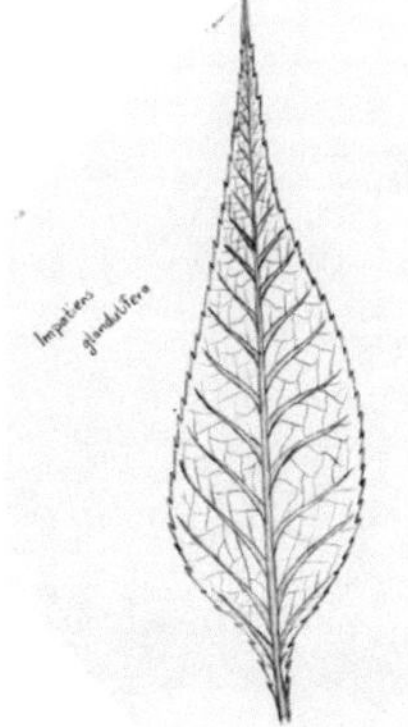

Makroskopische Zeichnungen

Bau und Funktion
- Blätter -

Mais **(Zea mays)**	**Drüsiges Springkraut** **(Impatiens glandulifera)**

Die Blätter des Mais bestehen aus Palisaden- und Schwammgewebe, welches die Chloroplasten beinhaltet, sowie einer Epidermis, die mit einer Wachsschicht überzogen ist, der Cuticula.

Der Mais besitzt schmale, dicke Blätter, um ein möglichst großes Volumen mit kleiner Oberfläche zu erhalten, damit die Verdunstung minimal wird. Desweiteren sind die Blätter vom Mais parallelnervig, ungestielt und nur sehr leicht spitz zulaufend.

Die Spaltöffnungen befinden sich auf beiden Seiten des Blattes, um eine möglichst hohe Wasseraufnahme aus der Feuchtigkeit der Luft zu gewährleisten, z.B. von Tau.

Die Blätter des Drüsigen Springkrauts bestehen aus Palisaden- und Schwammgewebe, welches die Chloroplasten beinhaltet, sowie einer Epidermis, die mit einer Wachsschicht überzogen ist, der Cuticula.

Das Drüsige Springkraut besitzt große, dünne Blätter, um ein möglichst kleines Volumen mit großer Oberfläche zu erhalten, damit die Fotosynthese effektiv verlaufen kann. Desweiteren sind die Blätter netznervig, gestielt und spitz zulaufend.

Die Spaltöffnungen befinden sich nur auf der Unterseite des Blattes, da nicht so viel Wasser aus der Luft benötigt wird, sondern aus den Wurzeln nach oben transportiert werden kann.

Rechts:
Epidermis des Blattes vom Drüsigen Springkraut

Rechts unten:
Schwammgewebe mit Chloroplasten des Blattes vom Drüsigen Springkraut

Unten:
Epidermis des Blattes vom Mais

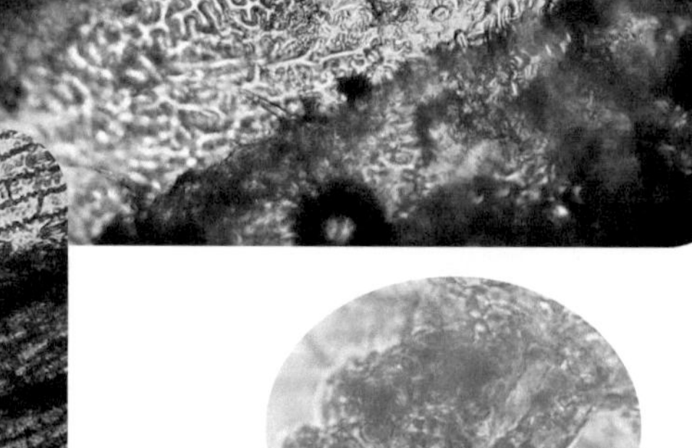

Ökonomie

Mais (Zea mays)	Drüsiges Springkraut (Impatiens glandulifera)
Der Mais wird als neophyte Nutzpflanze angesehen.	Das Drüsige Springkraut wird als invasiver Neophyt angesehen.
Sein ursprüngliches Verbreitungsgebiet ist dabei Zentralmexico, wo er von der heute noch existierenden Wildform „Teosinte" abstammte.	Sein ursprüngliches Verbreitungsgebiet liegt auf dem indischen Subkontinent. Im 19. Jahrhundert wurde es als Zierpflanze nach Europa und Nordamerika eingeführt.
Bedeutend für die Wirtschaft ist beim Mais lediglich die Unterart Zea mays subsp. Mays	Bedeutung für die Wirtschaft hat das Drüsige Springkraut nur wenig.
Eingesetzt wird diese als Futter- und Nahrungsmittel (hauptsächlich Afrika und Lateinamerika), sowie als Energieträger. Desweiteren wird die Maisstärke als Ausgangsstoff für die Herstellung der Biokunststoffe genutzt.	Dabei wird der im Sporn verborgene Nektar genutzt, der mit einem Zuckergehalt von 48% durchschnittlich süß ist, aber dafür von der Pflanze reichlich produziert wird, da sie mit ca. 0,47 mg Nektar pro Pflanze und Stunde etwa 40 mal so viel herstellt wie heimische Pflanzen. Desweiteren wird sie als Zierpflanze in vielen Gärten genutzt.
	Dennoch stellt die Pflanze ein Risiko dar, da sie viele einheimische Pflanzenarten verdrängt, sodass sie in Europa vielerorts bekämpft wird, allerdings örtlich unterschiedlich, da sie je nach Gebiet als problematisch oder unproblematisch eingestuft wird.

Fazit

Obwohl die beiden Neophyten Drüsiges Springkraut (Impatiens glandulifera) und Mais (Zea mays) sich in sehr vielen Dingen ähnlich sind, sollte man sie dennoch differenziert betrachten.

Das Drüsige Springkraut, welches ursprünglich aus Kaschmir importiert wurde, ist an eher feuchte und schattige Bedingungen angepasst. Diese findet es bei uns zum Beispiel an Flüssen und Bächen.
Der Mais hingegen ist eher an trockenes und sonniges Klima gebunden, wie es in seinem Ursprungsland Mexiko der Fall ist und wächst somit hervorragend auf unseren Feldern.

Durch seine Verwendung als Futter- und Nahrungsmittel, sowie als Energiepflanze und Ausgangsprodukt für Biokunststoffe hat der Mais heutzutage eine sehr große wirtschaftliche Bedeutung, wohingegen das Drüsige Springkraut mehr Probleme verursacht, als der Nutzen ausgleichen könnte.
Es verdrängt durch seine dominante Art die heimischen Pflanzen an den Flussläufen und breitet sich dort stark aus, weshalb es auch als invasiver Neophyt bezeichnet wird.

Der Mais ist in der Welt sehr weit verbreitet und wird in vielen Ländern kultiviert, wohingegen das Drüsige Springkraut nur in kleinen Teilen Europas verbreitet ist.

Im groben Aufbau sind die beiden Neophyten ähnlich, doch bei genauerer Betrachtung kann man einige Unterschiede erkennen.

Der systematische Unterschied findet sich in ihrem Stammbaum, denn bei den Bedecktsamern ist die eine Pflanze einkeimblättrig (Mais) und die andere Pflanze zweikeimblättrig (Drüsiges Springkraut).

Einen weiteren Unterschied der Pflanze kann man auch schon in der Keimung erkennen. Während der Mais mit einem Keimblatt keimt, bildet das Drüsige Springkraut zwei Keimblätter aus.

Der Mais bildet ein Geflecht aus vielen Wurzelfasern (homorhiz), während das Drüsige Springkraut eine tiefe und langlebige Pfahlwurzel bildet (allorhiz).
Vom Grundaufbau sind sich beide Wurzeln aber sehr ähnlich.
Doch im oberen Teil der Sprossachse zeigen sich schon größere Unterschiede.
Die Leitgewebe sind beim Mais wahllos in der Sprossachse verteilt, wobei die Leitgewebe im Drüsigen Springkraut sortiert in einem Ring liegen. Zusätzlich ist beim Drüsigen Springkraut ein Kambiumring vorhanden, welcher für das sekundäre Dickenwachstum verantwortlich ist.

Betrachtet man das Blatt des Mais, kann man auf den ersten Blick erkennen, dass dort die Blattadern parallel angeordnet sind und sich im Laufe des Wachstums der Pflanze eine dickere Hauptader in der Mitte ausbildet.
Bei dem Drüsigen Springkraut hingegen bilden sich netzförmige Adern aus.

Da der Mais an sehr trockenen Orten wächst, hat er auch sehr viele Spaltöffnungen, auch an der Blattoberseite, um so viel Wasser wie möglich aus der Luft zu filtern.
Da das Drüsige Springkraut in eher feuchten Gebieten wächst, ist es nicht so sehr darauf angewiesen ist, Wasser aus der Luft zu filtern, sondern es auch aus dem Wurzeln nach oben transportieren kann.
Daher hat es deutlich weniger Schließzellen, die auch nur an der Blattunterseite zu finden sind.

Alles in allem weisen beide Pflanzen sehr viele Unterschiede von verschiedensten Blickwinkeln aus betrachtet auf.
Deshalb muss man zu dem Schluss kommen, dass beide Pflanzen differenziert betrachtet werden müssen.

Quellen

- http://www.heilkraeuter.de/lexikon/springkraut.htm
- http://www.google.de/imgres?imgurl=http%3A%2F%2Fwww.uni-potsdam.de%2Fausstellung-biologische-invasionen%2Fbig%2F03%2Fmap-04.jpg&imgrefurl=http%3A%2F%2Fwww.uni-potsdam.de%2Fausstellung-biologische-invasionen%2F1280%2Fde%2F03-04.htm&h=1912&w=3655&tbnid=DpsgkmBh28WUrM%3A&zoom=1&docid=c8Z8UfFxlwDc5M&ei=8IQqVML-D8S4ygOCxoDgAw&tbm=isch&client=firefox-a&iact=rc&uact=3&dur=599&page=2&start=35&ndsp=35&ved=0CM0BEK0DMDc
- http://www.neobiota.de/12639.html
- http://de.wikipedia.org/wiki/Mais
- http://www.agrilexikon.de/index.php?id=maisbotanik.htmw_botanik.html
- http://www.biologie-online.eu/oekologie/abiotischer-faktor-licht.php
- http://bio.lorenzkock.de/bilder/schliesszellen.jpg
- http://2.bp.blogspot.com/_a0bMlx-x6EM/TJ4PTJ0CQ8I/AAAAAAAAAXk/qmHK-FvMGcg/s1600/Corticalis.Osteozyten.jpg
- http://www.mikroskopie-wien.at/mg
- http://www.biosicherheit.de/lexikon/848.pflanzen.html
- http://www.google.de/imgres?imgurl=http%3A%2F%2Fars-medicina.designblog.de%2Fimages%2Fkunde%2Fphotos%2Fmuskelgewebe.jpg&imgrefurl=http%3A%2F%2Fars-medicina.designblog.de%2Fblog%2Ftags....GEWEBE%2F%3Fview%3D20&h=262&w=600&tbnid=-omSjQ8Zlg_wEM%3A&zoom=1&docid=d_q450uWpK8hJM&ei=s5cSVOugOdbYarPSgugG&tbm=isch&client=safari&iact=rc&uact=3&dur=526&page=1&start=0&ndsp=20&ved=0CDYQrQMwBQ
- http://www.zum.de/Faecher/Materialien/beck/12/bs12-18.htm
- http://www.diabsite.de/aktuelles/nachrichten/2012/120613-2.jpg
- http://de.wikipedia.org/wiki/Mais#mediaviewer/File:Klip_kukuruza_uzgojen_u_Međimurju_(Croatia).JPG
- http://www.mikroskopie-wien.at/mgw_b Bild:http://de.wikipedia.org/w/index.php?title=Datei:Impatiens_glandulifera_-plants_(aka).jpg&filetimestamp=20050913191204
- http://www.google.de/imgres?imgurl=http%3A%2F%2Fwww.sn.schule.de%2F~biologie%2Flernen%2Fmikroskopie%2Fbgwebe%2Fwurzelangs.jpg&imgrefurl=http%3A%2F%2Fwww.sn.schule.de%2F~biologie%2Flernen%2Fmikroskopie%2Fgewebe.html&h=355&w=391&tbnid=D3ZY-RMrZ0Ai5M%3A&zoom=1&docid=dVW2npEIDoBdQM&ei=D9UVVMbrKomDO7XhgMgD&tbm=isch&client=safari&iact=rc&uact=3&dur=1518&page=2&start=18&ndsp=18&ved=0CHoQrQMwGQ

BEI GRIN MACHT SICH IHR WISSEN BEZAHLT

- Wir veröffentlichen Ihre Hausarbeit,
  Bachelor- und Masterarbeit

- Ihr eigenes eBook und Buch -
  weltweit in allen wichtigen Shops

- Verdienen Sie an jedem Verkauf

Jetzt bei www.GRIN.com hochladen
und kostenlos publizieren